KB270730

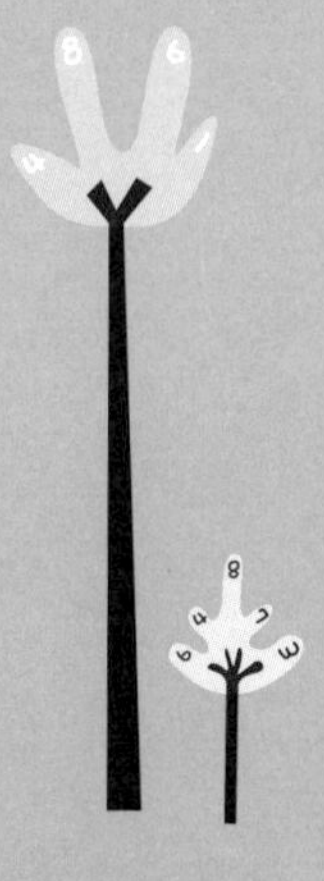

예스북

POCKET SUDOKU 1

By Nikoli Co. Ltd.

'스도쿠' 라는 이름은 일본어 스도쿠에서 유래했는데, 스su는 '숫자 number', 도쿠doku는 '단독 single' 이라는 의미로 "숫자들이 겹치지 말아야 한다"라는 뜻을 'Sudoku' 라고 줄여서 부른 것이다.

이름에서 알 수 있듯이 스도쿠는 81개의 빈칸에 겹치지 않고 숫자를 채워 넣으면 되는 간단한 게임이다. 하지만 수리력이 아닌 집중력과 논리적인 사고를 요하는 아주 매력적인 두뇌게임이다. 그러니 수에 대한 거부감이 많은 분들이라도 걱정하지 마시길! 집중하기만 하면 남녀노소 누구나 쉽고 재미있게 스도쿠의 고수가 될 수 있다.

이 책은 처음으로 스도쿠를 접하는 분들이라도 마지막까지 포기하지 않고 풀 수 있도록 쉬운 문제만을 모아두었다. 미로 같은 스도쿠의 세계에 나침반이 되어줄 규칙들을 이제 하나하나 파헤쳐 보도록 하자.

스도쿠 규칙

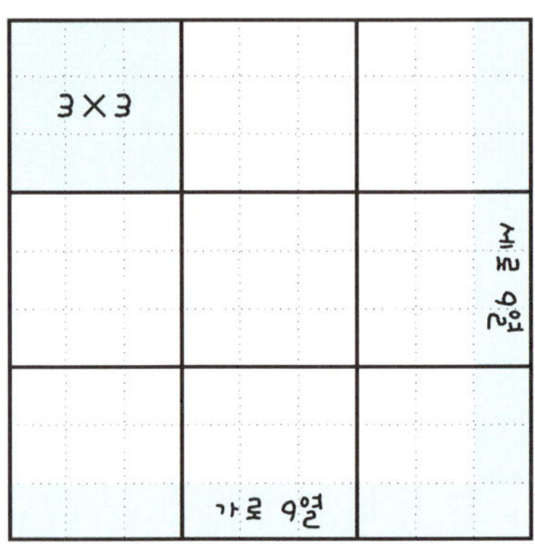

1. 빈 칸에 1부터 9까지의 숫자 중 하나를 채워 넣는다.
2. 가로(9열), 세로(9열), 두꺼운 선으로 둘러쳐진 3×3블록(각각 9칸 있는 3×3블록이 9개 있다)의 어느 곳이든 1~9까지의 숫자가 한 번씩 들어간다.

스도쿠 푸는 방법

가로열은 9칸 있는 열이 9개 있다. 모두 1~9의 숫자가 하나씩만 들어가도록 칸을 채워나간다.

세로열도 9칸 있는 열이 9개 있다. 어떤 세로열에도 1~9의 숫자가 한 개씩 들어가도록 칸을 채운다.

두꺼운 선으로 구분된 3×3의 블록도 마찬가지다. 9칸 있는 3×3의 블록이 9개 있다. 모든 블록에 1~9의 숫자가 하나씩 들어가도록 채운다.

어떤 세로열, 가로열, 그리고 3×3의 블록에도 같은 숫자가 겹치지 않도록 해야 한다. 숫자를 채워 넣을 때는 추측으로 해서는 안 된다.

그럼 예제를 풀어보자. 이 예제는 아주 쉬운 것은 아니기 때문에 이 예제를 풀 수 있으면 이 책의 문제는 모두 풀 수 있다.

	A1	A2	A3	A4	A5	A6	A7	A8	A9
B1				7	4				
B2			8	3					9
B3		6	①					7	
B4	4	①					6		
B5				8		7			
B6			5					2	3
B7		5					①	4	
B8	6					5	8		
B9	Ⓐ				9	8			

처음에는 하나의 숫자에 주목해보자. 1부터 순서대로 생각한다.

왼쪽 하단의 3×3블록에는 아직 1이 없다. 빈칸 어딘가에 1이 들어가야 한다. 왼쪽에서 두 번째의 세로열 A2에는 이미 1이 들어가 있다. 그러므로 이 열에는 더 이상 1을 쓸 수 없다.

왼쪽에서 세 번째열 A3에도 1이 있으므로 이 열에도 1을 넣어서는 안 된다. 이 블록에서는 1이 들어갈 수 있는 칸은 6의 위칸이나 아래칸에만 1이 들어갈 수 있다. 그러나 오른쪽 하단의 3×3블록을 보면 B7 옆에 이미 숫자 1이 있으므로 결국 1을 넣을 수 있는 것은 Ⓐ 밖에 없다는 것을 확인하게 될 것이다.

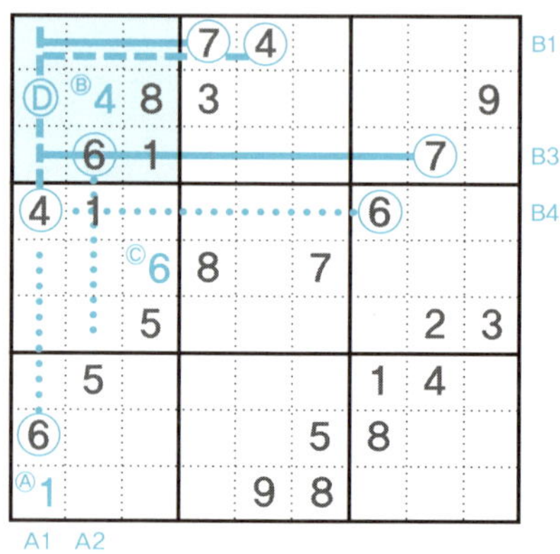

마찬가지 방법으로 A1열과 B1열에 4가 있으므로 Ⓑ에는 4가 들어간다. A1, A2, B4에 6이 있으므로 Ⓒ에는 6이 들어가게 된다.

Ⓑ에 B1, B3에 7이 있고 4가 들어감으로써 왼쪽 위의 3×3 블록에서 7이 들어갈 수 있는 칸은 Ⓓ밖에 없게 된다. Ⓓ에 7을 넣어보자.

이처럼 숫자가 채워지면 그것이 다음의 힌트가 되어 좀 더 쉽게 빈 칸을 채울 수 있다.

더 진행을 해보자.

7쪽의 상단표에서 이미 채워진 숫자에 주의하며, 가로열과 세로열의 빈칸을 집중해서 살펴보도록 하자.

숫자를 순서대로 보면 Ⓔ에는 4가 들어간다는 것을 알 수 있다.

그럼 1이 들어갈 곳이 어디인지 살펴보자. 그렇다. B4에 1이 있기에

	9		7	4			Ⓗ8	Ⓖ1	B1
7	4	8	3					9	B2
	6	1		8			7		B3
4	1	7				6		Ⓘ8	B4
		6	8		7	9	Ⓕ1	Ⓔ4	
9	8	5				7	2	3	
8	5	9				1	4		
6					5	8	9		
1				9	8				
A1	A2					A7	A8	A9	

Ⓕ의 빈칸이 1이고, A7, A8, B3에 1이 있기에 Ⓖ의 빈칸이 1이다. Ⓖ가 1이면 A7, B2, B3에 8이 있으므로 Ⓗ는 당연히 8이다. 이제 스도쿠의 실타래는 풀리기 시작했다. A7, A8에 8이 있으므로 Ⓘ의 빈칸은 8이다.

	9		7	4			8	1
7	4	8	3					9
	6	1		8			7	
4	1	7				6	Ⓙ	8
		6	8		7	9	1	4
9	8	5				7	2	3
8	5	9				1	4	
6					5	8	9	
1				9	8			

오른쪽 중간 단에 있는 3×3 블록에는 이것으로 8가지의 숫자가 들어갔다. 8가지의 숫자가 들어가 있으면 남은 한 칸에 들어가는 것은 아직 들어가 있지 않은 숫자밖에 없다. 그렇기 때문에 Ⓙ에 들어갈 숫자는 5인 것이다.

3×3의 블록 뿐만 아니다. 가로열이나 세로열에 8가지의 숫자가 들어가면 남은 한 칸에는 마지막 들어가지 않은 숫자를 넣으면 된다.

이 책에 실린 문제는 길을 헤매게 만드는 어려운 난이도의 스도쿠가 아니기 때문에 지금까지 함께 한 예제풀이를 이해했다면 모두 풀 수 있으니 자신감을 갖고 도전해보자.

도중에 막힌다면 어떤 한 곳을 지나쳤을 것이다. 하지만 어디가 잘 못 된 것인지 찾기 시작하면 점점 꼬이는 것이 스도쿠의 함정이기도 하다. 만약 막힌다면 일단 멈췄다가 다시 시작하거나 과감하게 처음부터 다시 시작하도록 하자. 그렇게 하다보면 저절로 한 부분이 아닌 전체를 보는 눈이 키워질 것이다.

1권(Easy)을 풀다보면 스도쿠라는 미로에 새로운 지도를 찾아낼지도 모른다. 자, 이제 시작이다. 1권(Easy)에 발을 디딘 당신에게 2권(Normal)의 규칙이 드러나길 바라며, 3권(Hard)에 당신의 도전이 함께 하길 바란다.

LEVEL 1

SUDOKU

Question 1

<table>
<tr><td></td><td></td><td></td><td>3</td><td></td><td>2</td><td>5</td><td>1</td><td></td></tr>
<tr><td></td><td>2</td><td></td><td></td><td>1</td><td></td><td></td><td></td><td>4</td></tr>
<tr><td></td><td></td><td>7</td><td></td><td></td><td>6</td><td></td><td></td><td>8</td></tr>
<tr><td>1</td><td></td><td></td><td>9</td><td></td><td></td><td>4</td><td></td><td>6</td></tr>
<tr><td></td><td>3</td><td></td><td></td><td>4</td><td></td><td></td><td>2</td><td></td></tr>
<tr><td>5</td><td></td><td>9</td><td></td><td></td><td>7</td><td></td><td></td><td>3</td></tr>
<tr><td>6</td><td></td><td></td><td>1</td><td></td><td></td><td>8</td><td></td><td></td></tr>
<tr><td>7</td><td></td><td></td><td></td><td>2</td><td></td><td></td><td>3</td><td></td></tr>
<tr><td></td><td>8</td><td>4</td><td>6</td><td></td><td>5</td><td></td><td></td><td></td></tr>
</table>

DATE : ....

TIME : ....

Question 2

6	1				5	4		3
3	7				4	5		
		4	7				1	6
		6	1		3		9	8
9	5		2		7	6		
4	8				1	3		
		5	3				4	9
7		3	8				5	1

DATE : ....

TIME : ....

Question 3

		2				5		
	8		6		3		1	
6				5				8
	1		2		4		3	
		4				8		
	3		8		1		7	
7				1				4
	2		7		5		6	
		3				2		

DATE : ....

TIME : ....

Question 4

	7			8	4	2		
5			6				7	
		2	1		7			3
	2	3				5		1
4				2				6
6		1				4	8	
1			2		3	8		
	3				6			4
		7	8	1			6	

DATE : ....

TIME : ....

Question 5

6					4	1		
		2	5			6	3	
	1	7					8	5
	2		6		7			8
				1				
3			4		8		2	
4	5					2	1	
	9	6			3	5		
		3	2					9

DATE : ....

TIME : ....

Question 6

8					1		7	
	2			5				4
		7				6		
			3		8			2
	4						1	
1			4		6			
		3				5		
5				3			6	
	1		2					7

DATE : ....

TIME : ....

Question 7

			1	3				9
7		3			4		5	6
2	8					1		
9		1		2	8			5
	4						1	
3			5	6		4		8
		7					4	3
1	9		2			8		7
8				5	6			

DATE : ....

TIME : ....

Question 8

	5		2				4	
1	6		9		5			8
		4		6		1		
9	3				6		5	
		1				3		
	7		4				1	9
		5		1		9		
6			5		3		8	4
	9				8		3	

DATE : ....

TIME : ....

Question 9

	9	4				1		
7			1		5		6	
5			6			7		3
	6	3	2				7	
				8				
	8				6	4	5	
3		6			7			9
	4		5		9			1
		1				8	3	

DATE : ....

TIME : ....

Question 10

	4	9	6			2		
			5			3		4
2	6			1	4			5
		1					3	7
		8				1		
7	5					8		
1			9	3			7	2
3		6			2			
		5			6	4	1	

DATE : ....

TIME : ....

Question 11

		2			3	1		
	1		6			9	4	
4		5		9			2	7
		4			9			2
		3		1		8		
1			7			6		
9	3			2		4		8
	8	7			6		3	
		6	1			5		

DATE : ....

TIME : ....

Question 12

				4	5			
		4	6			7	8	
1	6			7				3
		5			3	4		1
	1			6			7	
4		7	2			6		
2				9			6	4
	7	6			2	9		
			1	3				

DATE : ....

TIME : ....

Question 13

3			1		4			6
1		7				4		8
		5		8		3		
6	4			3			2	7
		8	2		1	9		
5	9			6			4	3
		6		7		5		
2		3				7		1
8			5		3			2

DATE : ....

TIME : ....

Question 14

		2	6			3	8	
3				8	1			
4		1				2		9
	6		1		7			5
	2			3			1	
9			4		5		3	
6		8				9		7
			3	4				8
	4	5			9	6		

DATE : ....

TIME : ....

Question 15

9		6	5					8
		7	4			2		
1	5				6	3	9	
2	3					4		
				5				
		4					5	1
	2	9	7				8	3
		1			2	6		
8					9	5		7

DATE : ....

TIME : ....

Question 16

		3	1					2
	7				3	5		
1		6	5				9	
3		8			7		1	
				3				
	2		9			8		6
	5				9	7		4
		2	6				5	
6					1	3		

DATE : ....

TIME : ....

LEVEL 2

SUDOKU

Question 17

9			2	1			7	
	8					1		4
		3			9		2	
1				8		4		
7			4		3			6
		8		7				9
	6		1			3		
5		2					8	
	4			9	2			5

DATE : ....

TIME : ....

Question 18

9				4	8	6	7	
	1							
	3		5				4	2
	5		6			7		
6			2		3			5
		1			9		2	
2	8				5		3	
							5	
	9	4	3	1				8

DATE : ....

TIME : ....

Question 19

		2	6		4	1		
	1						2	
4		6		5		7		3
1			2		8			5
		3		6		9		
2			3		1			4
6		4		1		2		7
	7						3	
		8	9		3	6		

DATE : ....

TIME : ....

Question 20

3	1							7
		6	2		7	1		3
	4			6			8	
	3			2			5	
		5	8		3	4		
	6			4			1	
	5			7			2	
1		8	5		6	9		
7							3	6

DATE : ....

TIME : ....

Question 21

1				6				9
		6				3		
	7		3		5		8	
5		7		2		9		1
	1						7	
2		8		3		5		4
	5		2		1		4	
		3				6		
4				5				2

DATE : ....

TIME : ....

Question 22

		5				8		
		3	5	8	2	4		
		1				6		
2				3				5
8	3	7		9		2	4	1
6				1				9
		8				1		
		2	1	4	8	5		
		6				9		

DATE : ....

TIME : ....

Question 23

	4					8	1	
5	1	6				4	7	3
	8	3	4				2	5
		9	1	7				
			5	6	4			
				3	2	7		
7	3				1	2	4	
4	6	2				9	5	1
	9	1					6	

DATE : ....

TIME : ....

Question 24

		2	7			6	4	
	3			2			9	1
4					3			5
7					2	4		
	9			1			6	
		6	9					7
1			4					8
9	4			5			3	
	6	5			1	2		

DATE : ....

TIME : ....

Question 25

		6	5		8	1		
	3					2		
7			2	6			4	5
2		5						6
		9		1		5		
1						7		4
3	5			8	4			9
		7					2	
		1	9		7	8		

DATE : ....

TIME : ....

Question 26

2	4				3	8		6
		3	1					5
7				6	5		9	
6		7					3	
		1		2		4		
	3					7		1
	5		9	4				7
8					2	1		
1		6	5				4	2

DATE : ....

TIME : ....

Question 27

1				6	2			
		2	5				7	
3	8				7		9	
			4	1				2
2		8				4		3
6				3	5			
	3		9				6	1
	1				6	9		
			7	8				4

DATE : ....

TIME : ....

Question 28

	8	1		7				9
3			6				2	
		4		1	2		8	
9						4		2
	2		1		3		6	
5		6						3
	4		2	3		1		
	5				9			8
6				8		9	3	

DATE : ....

TIME : ....

Question 29

		2	9					
				6		3	4	
1	7			2				8
		4			9		3	7
		5		4		1		
8	6		1			2		
4				7			8	1
	9	7		1				
					2	5		

DATE : ....

TIME : ....

Question 30

		3	4			6		
	1			2		8		7
	5			6			1	
		5	9			4		3
4								2
2		7			1	5		
	2			8			5	
7		6		3			9	
		1			7	3		

DATE : ....

TIME : ....

Question 31

4	6			9			1	5
			5		1			
		3				7		
8			4		6			9
	5			1			2	
1			2		3			4
		8				5		
			3		2			
2	4			8			6	3

DATE : ....

TIME : ....

Question 32

						1		
	5	6			7	2		
				4	1			
4							3	
8	3			7			6	5
	2							8
			2	3				
		1	9			8	7	
		8						

DATE : ....

TIME : ....

Question 33

7			5					3
	1			8			6	
		9			1	4		
2			7			1		
	5			2			8	
		8			4			5
		1	3			7		
	7			9			2	
5					2			8

DATE : ....

TIME : ....

Question 34

			3	6		4	2	
		1			5			8
6	2				7			5
			4	7				6
	4	7				1	3	
8				3	9			
4			8				7	1
9			5			2		
	8	3		2	6			

DATE : ....

TIME : ....

Question 35

1		8	2		6			4
						6	3	
	7		4	5				8
5					4	2		
	1			3			4	
		2	9					1
7				6	8		9	
	4	5						
8			5		7	1		3

DATE : ....

TIME : ....

Question 36

		6	9					2
			8				7	
5				3	2			
	7				8			
	1	9				6	3	
			5				9	
			1	6				8
	9				7			
7					3	5		

DATE : ....

TIME : ....

Question 37

	1	3	9		4			
				1			3	6
5					6	7		
1			3					
	6	2		9		3	4	
					2			5
		9	6					1
2	5			4				
			7		3	2	6	

DATE : ....

TIME : ....

Question 38

							6	7
				1	4			5
				2	6	1		
					5	2	8	
	1	8				3	4	
	4	3	6					
		7	1	6				
1			2	3				
9	3							

DATE : ....

TIME : ....

Question 39

				2	6	3		
		5	1				6	
	1				7			2
	8		7			6		4
2				3				1
1		7			5		2	
6			4				7	
	4				3	5		
		3	5	6				

DATE : ....

TIME : ....

Question 40

9	1				3	2		6
		7	9					8
8				6	7		1	
6		9					4	
		2		4		6		
	3					9		7
	2		7	9				3
3					1	8		
1		4	8				2	5

DATE : ....

TIME : ....

Question 41

					8	4	5	
		3	7	4		9		6
	7		5				3	1
	6	4						8
	1						4	
9						5	1	
5	3				9		8	
1		9		5	7	3		
	2	8	1					

DATE : ....

TIME : ....

Question 42

3			9		1			8
				6				
	8	1				3	5	
7			1		5			6
		3				8		
1			2		4			5
	4	9				6	1	
				9				
2			5		6			4

DATE : ....

TIME : ....

Question 43

			7	5				
	3	6			2	7		
2							1	8
		4	1					
1	7			2			3	5
					7	6		
4	5							6
		1	5			2	4	
				3	6			

DATE : ....

TIME : ....

Question 44

				3	4	8	1	
			6					4
			1		8	9		6
	1	8			3	4		2
6								1
9		5	4			7	3	
1		7	2		9			
8					6			
	3	6	7	1				

DATE : ....

TIME : ....

Question 45

1	9					3		4
8			7	1		5		
		3					8	6
	5		6		2			
	4			7			3	
			5		4		2	
4	8					2		
		7		2	6			1
6		5					4	7

DATE : ....

TIME : ....

Question 46

				1				9
	9	5	7				8	
	6					7		
	7				6			
2				5				3
			4				1	
		3					9	
	2				3	5	6	
1				2				

DATE : ....

TIME : ....

Question 47

	1			7	5			
6	2			3		5	9	
		3	2				4	
		5						3
7	6			9			8	1
9						2		
	8				1	6		
	7	9		4			5	2
			8	2			1	

DATE : ....

TIME : ....

Question 48

		8	1	5				
	5				7	2		
4				2			1	
8					9		7	
3		9				4		6
	6		2					5
	7			1				9
		4	3				2	
				6	5	3		

DATE : ....

TIME : ....

Question 49

3		1	9		4	7		2
				3				
		5				6		
	2		1		3		4	
7				2				3
	1		5		6		7	
		4				1		
				5				
2		7	6		8	3		4

DATE : ....

TIME : ....

Question 50

				9	2	8		
			3				6	
3	5	6						7
				4	5	7		3
2								8
7		3	9	8				
9						4	5	2
	8				6			
		2	5	7				

DATE : ....

TIME : ....

Question 51

	5	2	1					
3				7	5	4		
1			2				6	
6		1			7		4	
	4			2			1	
	9		6			8		7
	2				9			3
		7	4	1				5
					6	2	8	

DATE : ....

TIME : ....

Question 52

9					8			6
		3	4			5		
	2			3		4	7	
	1			4				3
		7	5		9	6		
5				6			9	
	3	6		7			8	
		5			6	7		
1			2					4

DATE : ....

TIME : ....

Question 53

				1		2		3
	6	8						
	5				4			
					8	1	4	
			6		7			
	8	7	9					
			8				9	
						4	7	
1		3		2				

DATE : ....

TIME : ....

Question 54

	4				1		5	3
1	9			5	3			7
		6	8					
		1					8	2
	3			7			9	
7	2					4		
					2	1		
9			7	3			2	8
6	7		9				4	

DATE : ....

TIME : ....

Question 55

	4		9		2	1		7
	2		3				5	
7				5			4	
5				6			7	
		1				2		
	8			2				3
	6			1				4
	1				6		8	
2		4	7		8		3	

DATE : ....

TIME : ....

Question 56

		3			9	1		5
			1				6	
9			5			4		2
	6	9	8		5			3
				1				
1			6		3	5	9	
2		4			6			9
	3				4			
7		5	3			6		

DATE : ....

TIME : ....

Question 57

					6	3		5
	1	2	3			4		
	8		4				6	2
	7	6	5		3			9
4			7		1	2	3	
1	2				8		4	
		9			7	6	5	
5		3	9					

DATE : ....

TIME : ....

Question 58

5						7		4
	9	1	6					
				3	8	2		
3		2					7	5
			1		9			
8	6					4		1
		3	9	8				
					2	6	5	
1		6						3

DATE : ....

TIME : ....

Question 59

							3	
8	3				6	9	7	
	9		4		7			
	7	1	5		9	8		
		5	8		2	6	9	
			3		8		1	
	5	8	2				4	7
	6							

DATE : ....

TIME : ....

Question 60

	8		3		7			
3	2	9				1		
	5				2	3	9	
7						5		6
8		6						4
	9	3	2				1	
		1				2	6	9
			9		5		7	

DATE : ....

TIME : ....

Question 61

					1	5		
			7				9	
		2		6	5			3
	1			3		4		2
		3	5		8	7		
8		7		2			1	
1			8	7		9		
	3				4			
		9	2					

DATE : ....

TIME : ....

Question 62

			9		8			
	8	2		4		7	3	
	6						1	
3			4		2			9
	5						6	
8			5		3			2
	1						9	
	9	7		2		3	8	
			8		1			

DATE : ....

TIME : ....

Question 63

1	9		3				6	8
8	6			5			1	7
			6		8			1
	3			4			7	
4			1		9			
9	1			8			3	6
7	8				1		2	4

DATE : ....

TIME : ....

Question 64

		2		5				
		1			6	3		
	5		3				8	4
	1			6		8		
9			1		3			2
		7		4			6	
3	2				4		9	
		4	8			5		
				3		2		

DATE : ....

TIME : ....

Question 65

			5					
		8		4		3		
	3		1		6		5	
		4		1		9		3
	5		6		8		1	
1		6		2		7		
	1		2		3		7	
		3		5		6		
					9			

DATE : ....

TIME : ....

Question 66

		4	1	8		6	2	
	5				2			
	8							7
7			6	1		3		2
		3				5		
2		5		4	7			8
8							1	
			4				3	
	4	9		2	3	7		

DATE : ....

TIME : ....

Question 67

3				7				4
	2		9		8		1	
6						9		
		4	7					6
	9			1			4	
5					6	7		
		7						1
	6		4		7		8	
2				6				5

DATE : ....

TIME : ....

Question 68

		1		5		3		
	5		7		3		1	
2				1				8
	6						4	
1		3				6		7
	8						5	
7				4				5
	1		2		5		8	
		2		7		9		

DATE : ....

TIME : ....

Question 69

3			7			4		
1			4			8		9
		4			9			7
		3			7		4	
	8			5			7	
	2		8			5		
2			6			7		
8		9			2			1
		7			1			2

DATE : ....

TIME : ....

Question 70

			3	6			8	
5		1				9		
	6				9		4	
		3	9		6			8
7								2
1			7		3	5		
	7		2				3	
		2				6		7
	3			5	7			

DATE : ....

TIME : ....

Question 71

					1	4	9	
		2				1		
8		4	3					
2	5				8			
		1	5		4	8		
			7				6	2
					5	3		1
		5				9		
	9	8	6					

DATE : ....

TIME : ....

Question 72

		9				8		
	1		4		5		9	
5		8				7		4
	9			7			8	
			3		1			
	3			6			4	
3		6				5		9
	7		5		8		6	
		2				3		

DATE : ....

TIME : ....

Question 73

	2	3	4	9	1			
	8	4	2	5				
	9	6	8				3	
	5	8				1	4	
	7				3	9	2	
				4	8	7	5	
			6	3	9	4	8	

DATE : ....

TIME : ....

Question 74

					3	8		
	1	7						
	9	3			1	6		4
					7	4		9
6		2	3					
4		8	2			9	6	
						1	7	
		5	6					

DATE : ....

TIME : ....

LEVEL 3

SUDOKU

Question 75

5	3			8			2	1
6								4
		2	6		4	9		
		8				7		
7				9				2
		3				8		
		7	9		3	2		
3								9
8	9			6			4	5

DATE : ....

TIME : ....

Question 76

	3				5			
		5	1			3		
8				4			6	
	2				1			5
		3		8		1		
5			6				2	
	6			3				9
		8			7	2		
			9				3	

DATE : ....

TIME : ....

Question 77

		2	4					
		9	5				2	4
					3		5	6
	3	4		7				
	2	7				4	6	
				5		9	7	
2	8		7					
6	7				9	1		
					8	2		

DATE : ....

TIME : ....

Question 78

		9	1			3	2	
	7			8	6			
	3							
3					5	1	7	
9				7				3
	4	7	6					2
							4	
			5	2			3	
	6	1			7	8		

DATE : ....

TIME : ....

Question 79

		3	7			1		
	6			4			9	
	8				1			6
			3			7		
		1				4		
		7			9			
2			4				6	
	4			8			1	
		8			3	5		

DATE : ....

TIME : ....

Question 80

		2				9	8	
	1			2	6			5
7								6
			9				3	
	9			5			1	
	5				4			
1								4
8			7	1			6	
	6	9				3		

DATE : ....

TIME : ....

Question 81

	3			8				
			6		4			8
		9				2		
	2		1		6		4	
4								6
	9		4		8		7	
		6				1		
7			5		2			
				7			2	

DATE : ....

TIME : ....

Question 82

		1					6	
			3				5	7
6			1	4				
	7	4			2			
		6				7		
			7			8	4	
				1	5			9
4	6				7			
	3					5		

DATE : ....

TIME : ....

Question 83

			9		3			
		6				1		
	5		7		2		9	
1		8		9		2		3
			1		7			
9		5		3		7		4
	1		2		5		8	
		2				6		
			6		9			

DATE : ....

TIME : ....

Question 84

	4	3				7	2	
7			8		1			6
								8
			9				6	
	8			7			4	
	9				5			
3								
2			1		6			4
	5	8				1	9	

DATE : ....

TIME : ....

Question 85

7	8	5						4
					5	1		
					2	3		
5	6				3	8		
4								3
		8	4				2	5
		7	1					
		9	6					
3						7	9	6

DATE : ....

TIME : ....

Question 86

					8	9		
		3	9	5				
8		4				2	3	
7			5		2		4	
	6						8	
	5		6		9			3
	1	9				8		2
				6	7	3		
		7	2					

DATE : ....

TIME : ....

Question 87

7				6				3
		2				9		
	6		1		3		5	
		1		8		5		
6			5		1			4
		7		4		3		
	1		6		9		4	
		4				6		
5				7				1

DATE : ....

TIME : ....

Question 88

4			8		7			9
		7				1		
	3				4		7	
3					1	6		4
				9				
1		5	6					2
	9		2				3	
		6				5		
8			4		5			1

DATE : ....

TIME : ....

Question 89

						3		
	2	6		3			5	
5					2			1
	4		8				9	
		7				8		
	6				5		3	
9			6					5
	7			9		1	4	
		3						

DATE : ....

TIME : ....

Question 90

1				4		3		
		6	9		7			
	4					8		7
	5						7	
9				2				5
	6						2	
5		4					8	
			3		2	1		
		9		6				3

DATE : ....

TIME : ....

Question 91

			7		1		8	
8				6		3		5
	1							
1			4		2	5		
	9			8			2	
		6	1		5			7
							6	
9		2		3				4
	6		9		8			

DATE : ....

TIME : ....

Question 92

		7					4	
	5		6					3
8			1	9				
	6	9			5			
		5				8		
			7			1	2	
				4	3			6
9					2		7	
	4					3		

DATE : ....

TIME : ....

Question 93

			5				3	
		4		7	6	9		
		3						
	2			6				3
	3		1		2		7	
5				9			8	
						1		
		9	4	8		2		
	4				9			

DATE : ....

TIME : ....

Question 94

			5		8			
		1				3		
5				1				8
	1		9		5		4	
		7		8		6		
	4		6		7		2	
3				4				5
		6				9		
			1		2			

DATE : ....

TIME : ....

Question 95

4		2						
			7	4		9	2	
9				2			8	
	5				4			
	4	9				7	1	
			1				5	
	2			7				1
	3	1		9	5			
						6		2

DATE : ....

TIME : ....

Question 96

					9			
		4	2			3		
	9	1	6				2	
	4	5			3			1
				2				
8			7			4	3	
	3				4	8	6	
		7			1	2		
			3					

DATE : ....

TIME : ....

Question 97

					6	1	2	
		6	5	9				
8	5							6
4					3	9	1	
				8				
	3	5	1					8
2							7	9
				6	5	3		
	7	4	3					

DATE : ....

TIME : ....

Question 98

				3	8		9	
	5		9					2
	4					6		1
9				5	3			
			6	1				4
8		2					6	
4					1		3	
	6		8	9				

DATE : ....

TIME : ....

Question 99

5		9				6		2
				3				
	6		7		9		5	
6			8		1			3
		1				9		
9			2		6			1
	9		1		7		2	
				5				
8		7				3		5

DATE : ....

TIME : ....

Question 100

		3	2	6				
	7				1	2		
	6						8	1
		9	4					8
2				7				9
6					2	3		
4	8						7	
		6	7				3	
				9	4	1		

DATE : ....

TIME : ....

Question 101

	8		9		6		4	
9		3				6		8
	5						1	
2				6				1
			1		2			
8				4				5
	9						2	
1		6				9		4
	2		8		3		5	

DATE : ....

TIME : ....

Question 102

	5			7				8
4			1				9	
		3				6		
2			3				5	
		9		2		4		
	7				5			1
		7				8		
	1				4			5
6				9			3	

DATE : ....

TIME : ....

Question 103

	5				3		2	
4				9				6
		1				8		
3			8		2			
	1			4			7	
			6		1			3
		2				3		
6				8				4
	8		7				6	

DATE : ....

TIME : ....

Question 104

		2				6		
	1			6			8	
8			7			4		
	7				6			4
		5		1		9		
1			8				3	
		6			1			3
	2			9			4	
		7				8		

DATE : ....

TIME : ....

SUDOKU Level 3

Question 105

2	9			1	5			
		6				2		
5			7			1		
9			5				4	
	8			9			2	
	2				7			1
		2			8			7
		8				6		
			3	6			1	2

DATE : ....

TIME : ....

Question 106

7	3			2	8			
		2				1		
8			6				5	
2				9			3	
4				6				8
	9			8				5
	2				4			1
		3				9		
			8	1			6	3

DATE : ....

TIME : ....

Question 107

		4	2			1		
	5			8			9	4
9				5				
		6	4					1
	2						8	
8					1	3		
				1				9
3	9			7			4	
		7			5	6		

DATE : ....

TIME : ....

Question 108

				8	1			
	7	2				9		
			9				1	
	1			5	2			6
		6				3		
4			8	6			5	
	2				4			
		4				8	9	
			1	3				

DATE : ....

TIME : ....

Question 109

				9	8			
		1	7				5	
	3					8		
	7			1				4
6			8		9			2
2				4			3	
		7					4	
	8				3	7		
			6	5				

DATE :

TIME :

Question 110

	4			8			3	
8			3		6			2
		9				4		
	5				9			8
		7		6		9		
9			7				6	
		6				8		
5			1		3			4
	7			2			5	

DATE : ....

TIME : ....

Question 111

							1	9
	2	4	3				5	7
	9	7	5					
	8	5	7					
					9	8	6	
					3	1	8	
6	3				4	9	2	
8	4							

DATE : ....

TIME : ....

Answers

Answer 1

4	6	8	3	9	2	5	1	7
9	2	5	7	1	8	3	6	4
3	1	7	4	5	6	2	9	8
1	7	2	9	8	3	4	5	6
8	3	6	5	4	1	7	2	9
5	4	9	2	6	7	1	8	3
6	5	3	1	7	9	8	4	2
7	9	1	8	2	4	6	3	5
2	8	4	6	3	5	9	7	1

Answer 2

6	1	8	9	2	5	4	7	3
3	7	9	6	1	4	5	8	2
5	2	4	7	3	8	9	1	6
2	4	6	1	5	3	7	9	8
8	3	7	4	6	9	1	2	5
9	5	1	2	8	7	6	3	4
4	8	2	5	9	1	3	6	7
1	6	5	3	7	2	8	4	9
7	9	3	8	4	6	2	5	1

Answer 3

3	9	2	1	7	8	5	4	6
4	8	5	6	2	3	7	1	9
6	7	1	4	5	9	3	2	8
8	1	7	2	9	4	6	3	5
2	6	4	5	3	7	8	9	1
5	3	9	8	6	1	4	7	2
7	5	6	3	1	2	9	8	4
9	2	8	7	4	5	1	6	3
1	4	3	9	8	6	2	5	7

Answer 4

3	7	6	9	8	4	2	1	5
5	1	4	6	3	2	9	7	8
9	8	2	1	5	7	6	4	3
7	2	3	4	6	8	5	9	1
4	9	8	5	2	1	7	3	6
6	5	1	3	7	9	4	8	2
1	6	9	2	4	3	8	5	7
8	3	5	7	9	6	1	2	4
2	4	7	8	1	5	3	6	9

Answer 5

6	3	5	8	7	4	1	9	2
8	4	2	5	9	1	6	3	7
9	1	7	3	2	6	4	8	5
5	2	1	6	3	7	9	4	8
7	8	4	9	1	2	3	5	6
3	6	9	4	5	8	7	2	1
4	5	8	7	6	9	2	1	3
2	9	6	1	8	3	5	7	4
1	7	3	2	4	5	8	6	9

Answer 6

8	5	4	6	9	1	2	7	3
6	2	1	7	5	3	8	9	4
3	9	7	8	4	2	6	5	1
7	6	5	3	1	8	9	4	2
2	4	8	5	7	9	3	1	6
1	3	9	4	2	6	7	8	5
4	8	3	1	6	7	5	2	9
5	7	2	9	3	4	1	6	8
9	1	6	2	8	5	4	3	7

Answer 7

4	5	6	1	3	2	7	8	9
7	1	3	9	8	4	2	5	6
2	8	9	6	7	5	1	3	4
9	6	1	4	2	8	3	7	5
5	4	8	3	9	7	6	1	2
3	7	2	5	6	1	4	9	8
6	2	7	8	1	9	5	4	3
1	9	5	2	4	3	8	6	7
8	3	4	7	5	6	9	2	1

Answer 8

7	5	9	2	8	1	6	4	3
1	6	3	9	4	5	2	7	8
8	2	4	3	6	7	1	9	5
9	3	8	1	7	6	4	5	2
2	4	1	8	5	9	3	6	7
5	7	6	4	3	2	8	1	9
3	8	5	7	1	4	9	2	6
6	1	2	5	9	3	7	8	4
4	9	7	6	2	8	5	3	1

Answer 9

6	9	4	7	2	3	1	8	5
7	3	8	1	9	5	2	6	4
5	1	2	6	4	8	7	9	3
4	6	3	2	5	1	9	7	8
2	7	5	9	8	4	3	1	6
1	8	9	3	7	6	4	5	2
3	2	6	8	1	7	5	4	9
8	4	7	5	3	9	6	2	1
9	5	1	4	6	2	8	3	7

Answer 10

5	4	9	6	7	3	2	8	1
8	1	7	5	2	9	3	6	4
2	6	3	8	1	4	7	9	5
4	9	1	2	6	8	5	3	7
6	3	8	4	5	7	1	2	9
7	5	2	3	9	1	8	4	6
1	8	4	9	3	5	6	7	2
3	7	6	1	4	2	9	5	8
9	2	5	7	8	6	4	1	3

Answer 11

7	9	2	4	5	3	1	8	6
3	1	8	6	7	2	9	4	5
4	6	5	8	9	1	3	2	7
8	5	4	3	6	9	7	1	2
6	7	3	2	1	5	8	9	4
1	2	9	7	8	4	6	5	3
9	3	1	5	2	7	4	6	8
5	8	7	9	4	6	2	3	1
2	4	6	1	3	8	5	7	9

Answer 12

7	9	8	3	4	5	1	2	6
5	3	4	6	2	1	7	8	9
1	6	2	9	7	8	5	4	3
6	2	5	7	8	3	4	9	1
9	1	3	5	6	4	8	7	2
4	8	7	2	1	9	6	3	5
2	5	1	8	9	7	3	6	4
3	7	6	4	5	2	9	1	8
8	4	9	1	3	6	2	5	7

Answer 13

3	8	9	1	5	4	2	7	6
1	6	7	3	2	9	4	5	8
4	2	5	6	8	7	3	1	9
6	4	1	9	3	5	8	2	7
7	3	8	2	4	1	9	6	5
5	9	2	7	6	8	1	4	3
9	1	6	8	7	2	5	3	4
2	5	3	4	9	6	7	8	1
8	7	4	5	1	3	6	9	2

Answer 14

7	5	2	6	9	4	3	8	1
3	9	6	2	8	1	5	7	4
4	8	1	7	5	3	2	6	9
8	6	3	1	2	7	4	9	5
5	2	4	9	3	8	7	1	6
9	1	7	4	6	5	8	3	2
6	3	8	5	1	2	9	4	7
2	7	9	3	4	6	1	5	8
1	4	5	8	7	9	6	2	3

Answer 15

9	4	6	5	2	3	7	1	8
3	8	7	4	9	1	2	6	5
1	5	2	8	7	6	3	9	4
2	3	5	9	1	8	4	7	6
7	1	8	6	5	4	9	3	2
6	9	4	2	3	7	8	5	1
4	2	9	7	6	5	1	8	3
5	7	1	3	8	2	6	4	9
8	6	3	1	4	9	5	2	7

Answer 16

5	4	3	1	9	8	6	7	2
2	7	9	4	6	3	5	8	1
1	8	6	5	7	2	4	9	3
3	6	8	2	4	7	9	1	5
9	1	5	8	3	6	2	4	7
4	2	7	9	1	5	8	3	6
8	5	1	3	2	9	7	6	4
7	3	2	6	8	4	1	5	9
6	9	4	7	5	1	3	2	8

Answer 17

9	5	4	2	1	8	6	7	3
2	8	7	5	3	6	1	9	4
6	1	3	7	4	9	5	2	8
1	2	6	9	8	5	4	3	7
7	9	5	4	2	3	8	1	6
4	3	8	6	7	1	2	5	9
8	6	9	1	5	7	3	4	2
5	7	2	3	6	4	9	8	1
3	4	1	8	9	2	7	6	5

Answer 18

9	2	5	1	4	8	6	7	3
4	1	6	7	3	2	5	8	9
7	3	8	5	9	6	1	4	2
3	5	2	6	8	1	7	9	4
6	4	9	2	7	3	8	1	5
8	7	1	4	5	9	3	2	6
2	8	7	9	6	5	4	3	1
1	6	3	8	2	4	9	5	7
5	9	4	3	1	7	2	6	8

Answer 19

7	8	2	6	3	4	1	5	9
3	1	5	7	8	9	4	2	6
4	9	6	1	5	2	7	8	3
1	6	9	2	4	8	3	7	5
8	4	3	5	6	7	9	1	2
2	5	7	3	9	1	8	6	4
6	3	4	8	1	5	2	9	7
9	7	1	4	2	6	5	3	8
5	2	8	9	7	3	6	4	1

Answer 20

3	1	2	4	5	8	6	9	7
5	8	6	2	9	7	1	4	3
9	4	7	3	6	1	2	8	5
4	3	1	6	2	9	7	5	8
2	7	5	8	1	3	4	6	9
8	6	9	7	4	5	3	1	2
6	5	3	9	7	4	8	2	1
1	2	8	5	3	6	9	7	4
7	9	4	1	8	2	5	3	6

Answer 21

1	3	5	7	6	8	4	2	9
8	4	6	9	1	2	3	5	7
9	7	2	3	4	5	1	8	6
5	6	7	8	2	4	9	3	1
3	1	4	5	9	6	2	7	8
2	9	8	1	3	7	5	6	4
6	5	9	2	7	1	8	4	3
7	2	3	4	8	9	6	1	5
4	8	1	6	5	3	7	9	2

Answer 22

7	2	5	4	6	1	8	9	3
9	6	3	5	8	2	4	1	7
4	8	1	3	7	9	6	5	2
2	1	9	8	3	4	7	6	5
8	3	7	6	9	5	2	4	1
6	5	4	2	1	7	3	8	9
5	7	8	9	2	6	1	3	4
3	9	2	1	4	8	5	7	6
1	4	6	7	5	3	9	2	8

Answer 23

2	4	7	3	5	6	8	1	9
5	1	6	8	2	9	4	7	3
9	8	3	4	1	7	6	2	5
6	2	9	1	7	8	5	3	4
3	7	8	5	6	4	1	9	2
1	5	4	9	3	2	7	8	6
7	3	5	6	9	1	2	4	8
4	6	2	7	8	3	9	5	1
8	9	1	2	4	5	3	6	7

Answer 24

5	1	2	7	8	9	6	4	3
6	3	8	5	2	4	7	9	1
4	7	9	1	6	3	8	2	5
7	5	1	6	3	2	4	8	9
3	9	4	8	1	7	5	6	2
2	8	6	9	4	5	3	1	7
1	2	3	4	7	6	9	5	8
9	4	7	2	5	8	1	3	6
8	6	5	3	9	1	2	7	4

Answer 25

9	2	6	5	4	8	1	3	7
5	3	4	7	9	1	2	6	8
7	1	8	2	6	3	9	4	5
2	8	5	4	7	9	3	1	6
4	7	9	3	1	6	5	8	2
1	6	3	8	5	2	7	9	4
3	5	2	1	8	4	6	7	9
8	9	7	6	3	5	4	2	1
6	4	1	9	2	7	8	5	3

Answer 26

2	4	5	7	9	3	8	1	6
9	6	3	1	8	4	2	7	5
7	1	8	2	6	5	3	9	4
6	2	7	4	1	9	5	3	8
5	8	1	3	2	7	4	6	9
4	3	9	8	5	6	7	2	1
3	5	2	9	4	1	6	8	7
8	9	4	6	7	2	1	5	3
1	7	6	5	3	8	9	4	2

Answer 27

1	7	9	8	6	2	3	4	5
4	6	2	5	9	3	1	7	8
3	8	5	1	4	7	2	9	6
7	9	3	4	1	8	6	5	2
2	5	8	6	7	9	4	1	3
6	4	1	2	3	5	7	8	9
5	3	7	9	2	4	8	6	1
8	1	4	3	5	6	9	2	7
9	2	6	7	8	1	5	3	4

Answer 28

2	8	1	3	7	5	6	4	9
3	9	5	6	4	8	7	2	1
7	6	4	9	1	2	3	8	5
9	3	7	8	5	6	4	1	2
4	2	8	1	9	3	5	6	7
5	1	6	7	2	4	8	9	3
8	4	9	2	3	7	1	5	6
1	5	3	4	6	9	2	7	8
6	7	2	5	8	1	9	3	4

Answer 29

6	4	2	9	8	3	7	1	5
9	5	8	7	6	1	3	4	2
1	7	3	5	2	4	6	9	8
2	1	4	6	5	9	8	3	7
7	3	5	2	4	8	1	6	9
8	6	9	1	3	7	2	5	4
4	2	6	3	7	5	9	8	1
5	9	7	8	1	6	4	2	3
3	8	1	4	9	2	5	7	6

Answer 30

9	7	3	4	1	8	6	2	5
6	1	4	5	2	9	8	3	7
8	5	2	7	6	3	9	1	4
1	6	5	9	7	2	4	8	3
4	9	8	3	5	6	1	7	2
2	3	7	8	4	1	5	6	9
3	2	9	6	8	4	7	5	1
7	4	6	1	3	5	2	9	8
5	8	1	2	9	7	3	4	6

Answer 31

4	6	2	8	9	7	3	1	5
7	8	9	5	3	1	2	4	6
5	1	3	6	2	4	7	9	8
8	2	7	4	5	6	1	3	9
3	5	4	9	1	8	6	2	7
1	9	6	2	7	3	8	5	4
6	3	8	1	4	9	5	7	2
9	7	5	3	6	2	4	8	1
2	4	1	7	8	5	9	6	3

Answer 32

7	4	3	5	2	9	1	8	6
1	5	6	3	8	7	2	4	9
9	8	2	6	4	1	3	5	7
4	1	7	8	6	5	9	3	2
8	3	9	1	7	2	4	6	5
6	2	5	4	9	3	7	1	8
5	7	4	2	3	8	6	9	1
2	6	1	9	5	4	8	7	3
3	9	8	7	1	6	5	2	4

Answer 33

7	4	2	5	6	9	8	1	3
3	1	5	4	8	7	9	6	2
6	8	9	2	3	1	4	5	7
2	6	4	7	5	8	1	3	9
1	5	7	9	2	3	6	8	4
9	3	8	6	1	4	2	7	5
8	2	1	3	4	5	7	9	6
4	7	3	8	9	6	5	2	1
5	9	6	1	7	2	3	4	8

Answer 34

5	9	8	3	6	1	4	2	7
7	3	1	2	4	5	9	6	8
6	2	4	9	8	7	3	1	5
3	1	9	4	7	2	8	5	6
2	4	7	6	5	8	1	3	9
8	6	5	1	3	9	7	4	2
4	5	2	8	9	3	6	7	1
9	7	6	5	1	4	2	8	3
1	8	3	7	2	6	5	9	4

Answer 35

1	3	8	2	9	6	7	5	4
9	5	4	7	8	1	6	3	2
2	7	6	4	5	3	9	1	8
5	9	3	6	1	4	2	8	7
6	1	7	8	3	2	5	4	9
4	8	2	9	7	5	3	6	1
7	2	1	3	6	8	4	9	5
3	4	5	1	2	9	8	7	6
8	6	9	5	4	7	1	2	3

Answer 36

3	8	6	9	7	1	4	5	2
9	2	1	8	4	5	3	7	6
5	4	7	6	3	2	9	8	1
6	7	5	3	9	8	1	2	4
8	1	9	7	2	4	6	3	5
4	3	2	5	1	6	8	9	7
2	5	3	1	6	9	7	4	8
1	9	8	4	5	7	2	6	3
7	6	4	2	8	3	5	1	9

Answer 37

6	1	3	9	7	4	5	2	8
7	2	4	8	1	5	9	3	6
5	9	8	2	3	6	7	1	4
1	4	5	3	8	7	6	9	2
8	6	2	5	9	1	3	4	7
9	3	7	4	6	2	1	8	5
3	7	9	6	2	8	4	5	1
2	5	6	1	4	9	8	7	3
4	8	1	7	5	3	2	6	9

Answer 38

8	2	1	5	9	3	4	6	7
3	9	6	7	1	4	8	2	5
7	5	4	8	2	6	1	9	3
6	7	9	3	4	5	2	8	1
5	1	8	9	7	2	3	4	6
2	4	3	6	8	1	7	5	9
4	8	7	1	6	9	5	3	2
1	6	5	2	3	8	9	7	4
9	3	2	4	5	7	6	1	8

Answer 39

4	7	8	9	2	6	3	1	5
3	2	5	1	8	4	9	6	7
9	1	6	3	5	7	4	8	2
5	8	9	7	1	2	6	3	4
2	6	4	8	3	9	7	5	1
1	3	7	6	4	5	8	2	9
6	5	2	4	9	8	1	7	3
8	4	1	2	7	3	5	9	6
7	9	3	5	6	1	2	4	8

Answer 40

9	1	5	4	8	3	2	7	6
2	6	7	9	1	5	4	3	8
8	4	3	2	6	7	5	1	9
6	5	9	1	7	8	3	4	2
7	8	2	3	4	9	6	5	1
4	3	1	6	5	2	9	8	7
5	2	8	7	9	4	1	6	3
3	7	6	5	2	1	8	9	4
1	9	4	8	3	6	7	2	5

Answer 41

2	9	1	3	6	8	4	5	7
8	5	3	7	4	1	9	2	6
4	7	6	5	9	2	8	3	1
3	6	4	9	1	5	2	7	8
7	1	5	2	8	3	6	4	9
9	8	2	4	7	6	5	1	3
5	3	7	6	2	9	1	8	4
1	4	9	8	5	7	3	6	2
6	2	8	1	3	4	7	9	5

Answer 42

3	7	4	9	5	1	2	6	8
9	2	5	3	6	8	1	4	7
6	8	1	7	4	2	3	5	9
7	9	2	1	8	5	4	3	6
4	5	3	6	7	9	8	2	1
1	6	8	2	3	4	7	9	5
5	4	9	8	2	7	6	1	3
8	1	6	4	9	3	5	7	2
2	3	7	5	1	6	9	8	4

Answer 43

8	1	9	7	5	4	3	6	2
5	3	6	8	1	2	7	9	4
2	4	7	9	6	3	5	1	8
3	6	4	1	8	5	9	2	7
1	7	8	6	2	9	4	3	5
9	2	5	3	4	7	6	8	1
4	5	3	2	9	1	8	7	6
6	9	1	5	7	8	2	4	3
7	8	2	4	3	6	1	5	9

Answer 44

2	6	9	5	3	4	8	1	7
5	8	1	6	9	7	3	2	4
3	7	4	1	2	8	9	5	6
7	1	8	9	5	3	4	6	2
6	4	3	8	7	2	5	9	1
9	2	5	4	6	1	7	3	8
1	5	7	2	8	9	6	4	3
8	9	2	3	4	6	1	7	5
4	3	6	7	1	5	2	8	9

Answer 45

1	9	2	8	6	5	3	7	4
8	6	4	7	1	3	5	9	2
5	7	3	2	4	9	1	8	6
7	5	8	6	3	2	4	1	9
2	4	9	1	7	8	6	3	5
3	1	6	5	9	4	7	2	8
4	8	1	9	5	7	2	6	3
9	3	7	4	2	6	8	5	1
6	2	5	3	8	1	9	4	7

Answer 46

7	4	2	3	1	8	6	5	9
3	9	5	7	6	4	1	8	2
8	6	1	2	9	5	7	3	4
9	7	4	1	3	6	8	2	5
2	1	6	8	5	9	4	7	3
5	3	8	4	7	2	9	1	6
6	8	3	5	4	1	2	9	7
4	2	7	9	8	3	5	6	1
1	5	9	6	2	7	3	4	8

Answer 47

4	1	8	9	7	5	3	2	6
6	2	7	1	3	4	5	9	8
5	9	3	2	6	8	1	4	7
8	4	5	6	1	2	9	7	3
7	6	2	5	9	3	4	8	1
9	3	1	4	8	7	2	6	5
2	8	4	7	5	1	6	3	9
1	7	9	3	4	6	8	5	2
3	5	6	8	2	9	7	1	4

Answer 48

2	9	8	1	5	3	7	6	4
1	5	6	8	4	7	2	9	3
4	3	7	9	2	6	5	1	8
8	4	5	6	3	9	1	7	2
3	2	9	5	7	1	4	8	6
7	6	1	2	8	4	9	3	5
6	7	3	4	1	2	8	5	9
5	1	4	3	9	8	6	2	7
9	8	2	7	6	5	3	4	1

Answer 49

3	8	1	9	6	4	7	5	2
6	9	2	7	3	5	4	8	1
4	7	5	2	8	1	6	3	9
5	2	8	1	7	3	9	4	6
7	4	6	8	2	9	5	1	3
9	1	3	5	4	6	2	7	8
8	6	4	3	9	7	1	2	5
1	3	9	4	5	2	8	6	7
2	5	7	6	1	8	3	9	4

Answer 50

1	7	4	6	9	2	8	3	5
8	2	9	3	5	7	1	6	4
3	5	6	8	1	4	2	9	7
6	9	8	2	4	5	7	1	3
2	1	5	7	6	3	9	4	8
7	4	3	9	8	1	5	2	6
9	6	7	1	3	8	4	5	2
5	8	1	4	2	6	3	7	9
4	3	2	5	7	9	6	8	1

Answer 51

9	5	2	1	6	4	7	3	8
3	6	8	9	7	5	4	2	1
1	7	4	2	8	3	5	6	9
6	8	1	5	9	7	3	4	2
7	4	5	3	2	8	9	1	6
2	9	3	6	4	1	8	5	7
4	2	6	8	5	9	1	7	3
8	3	7	4	1	2	6	9	5
5	1	9	7	3	6	2	8	4

Answer 52

9	5	4	7	1	8	3	2	6
7	6	3	4	9	2	5	1	8
8	2	1	6	3	5	4	7	9
6	1	9	8	4	7	2	5	3
3	8	7	5	2	9	6	4	1
5	4	2	3	6	1	8	9	7
2	3	6	9	7	4	1	8	5
4	9	5	1	8	6	7	3	2
1	7	8	2	5	3	9	6	4

Answer 53

7	4	9	5	1	6	2	8	3
3	6	8	7	9	2	5	1	4
2	5	1	3	8	4	7	6	9
9	3	6	2	5	8	1	4	7
5	1	2	6	4	7	9	3	8
4	8	7	9	3	1	6	2	5
6	2	4	8	7	5	3	9	1
8	9	5	1	6	3	4	7	2
1	7	3	4	2	9	8	5	6

Answer 54

2	4	7	6	9	1	8	5	3
1	9	8	4	5	3	2	6	7
3	5	6	8	2	7	9	1	4
5	6	1	3	4	9	7	8	2
8	3	4	2	7	6	5	9	1
7	2	9	1	8	5	4	3	6
4	8	3	5	6	2	1	7	9
9	1	5	7	3	4	6	2	8
6	7	2	9	1	8	3	4	5

Answer 55

3	4	5	9	8	2	1	6	7
1	2	6	3	7	4	8	5	9
7	9	8	6	5	1	3	4	2
5	3	2	1	6	9	4	7	8
4	7	1	8	3	5	2	9	6
6	8	9	4	2	7	5	1	3
8	6	7	5	1	3	9	2	4
9	1	3	2	4	6	7	8	5
2	5	4	7	9	8	6	3	1

Answer 56

6	8	3	4	2	9	1	7	5
5	4	2	1	3	7	9	6	8
9	7	1	5	6	8	4	3	2
4	6	9	8	7	5	2	1	3
3	5	7	9	1	2	8	4	6
1	2	8	6	4	3	5	9	7
2	1	4	7	5	6	3	8	9
8	3	6	2	9	4	7	5	1
7	9	5	3	8	1	6	2	4

Answer 57

7	9	4	1	2	6	3	8	5
6	1	2	3	8	5	4	9	7
3	8	5	4	7	9	1	6	2
2	7	6	5	4	3	8	1	9
9	3	1	8	6	2	5	7	4
4	5	8	7	9	1	2	3	6
1	2	7	6	5	8	9	4	3
8	4	9	2	3	7	6	5	1
5	6	3	9	1	4	7	2	8

Answer 58

5	3	8	2	9	1	7	6	4
2	9	1	6	4	7	5	3	8
6	4	7	5	3	8	2	1	9
3	1	2	8	6	4	9	7	5
4	7	5	1	2	9	3	8	6
8	6	9	7	5	3	4	2	1
7	5	3	9	8	6	1	4	2
9	8	4	3	1	2	6	5	7
1	2	6	4	7	5	8	9	3

Answer 59

7	1	6	9	8	5	4	3	2
8	3	4	1	2	6	9	7	5
5	9	2	4	3	7	1	6	8
6	7	1	5	4	9	8	2	3
2	8	9	6	1	3	7	5	4
3	4	5	8	7	2	6	9	1
4	2	7	3	9	8	5	1	6
9	5	8	2	6	1	3	4	7
1	6	3	7	5	4	2	8	9

Answer 60

1	8	4	3	9	7	6	5	2
3	2	9	5	6	8	1	4	7
6	5	7	1	4	2	3	9	8
7	1	2	4	8	9	5	3	6
9	4	5	6	2	3	7	8	1
8	3	6	7	5	1	9	2	4
4	9	3	2	7	6	8	1	5
5	7	1	8	3	4	2	6	9
2	6	8	9	1	5	4	7	3

Answer 61

6	9	4	3	8	1	5	2	7
3	5	1	7	4	2	6	9	8
7	8	2	9	6	5	1	4	3
9	1	5	6	3	7	4	8	2
2	4	3	5	1	8	7	6	9
8	6	7	4	2	9	3	1	5
1	2	6	8	7	3	9	5	4
5	3	8	1	9	4	2	7	6
4	7	9	2	5	6	8	3	1

Answer 62

1	3	5	9	7	8	6	2	4
9	8	2	1	4	6	7	3	5
7	6	4	2	3	5	9	1	8
3	7	6	4	1	2	8	5	9
2	5	1	7	8	9	4	6	3
8	4	9	5	6	3	1	7	2
4	1	8	3	5	7	2	9	6
5	9	7	6	2	4	3	8	1
6	2	3	8	9	1	5	4	7

Answer 63

1	9	4	3	2	7	5	6	8
8	6	2	9	5	4	3	1	7
3	5	7	8	1	6	4	9	2
5	7	9	6	3	8	2	4	1
6	3	1	2	4	5	8	7	9
4	2	8	1	7	9	6	5	3
2	4	6	7	9	3	1	8	5
9	1	5	4	8	2	7	3	6
7	8	3	5	6	1	9	2	4

Answer 64

6	3	2	4	5	8	9	1	7
8	4	1	7	9	6	3	2	5
7	5	9	3	2	1	6	8	4
4	1	3	2	6	7	8	5	9
9	6	5	1	8	3	4	7	2
2	8	7	9	4	5	1	6	3
3	2	6	5	1	4	7	9	8
1	9	4	8	7	2	5	3	6
5	7	8	6	3	9	2	4	1

Answer 65

7	4	1	5	3	2	8	9	6
5	6	8	9	4	7	3	2	1
9	3	2	1	8	6	4	5	7
8	2	4	7	1	5	9	6	3
3	5	7	6	9	8	2	1	4
1	9	6	3	2	4	7	8	5
4	1	9	2	6	3	5	7	8
2	7	3	8	5	1	6	4	9
6	8	5	4	7	9	1	3	2

Answer 66

3	7	4	1	8	9	6	2	5
9	5	1	7	6	2	4	8	3
6	8	2	5	3	4	1	9	7
7	9	8	6	1	5	3	4	2
4	6	3	2	9	8	5	7	1
2	1	5	3	4	7	9	6	8
8	3	7	9	5	6	2	1	4
5	2	6	4	7	1	8	3	9
1	4	9	8	2	3	7	5	6

Answer 67

3	8	9	6	7	1	5	2	4
4	2	5	9	3	8	6	1	7
6	7	1	5	2	4	9	3	8
8	3	4	7	9	2	1	5	6
7	9	6	3	1	5	8	4	2
5	1	2	8	4	6	7	9	3
9	5	7	2	8	3	4	6	1
1	6	3	4	5	7	2	8	9
2	4	8	1	6	9	3	7	5

Answer 68

6	7	1	4	5	8	3	2	9
8	5	9	7	2	3	4	1	6
2	3	4	6	1	9	5	7	8
9	6	5	1	3	7	8	4	2
1	2	3	5	8	4	6	9	7
4	8	7	9	6	2	1	5	3
7	9	8	3	4	1	2	6	5
3	1	6	2	9	5	7	8	4
5	4	2	8	7	6	9	3	1

Answer 69

3	9	8	7	2	6	4	1	5
1	7	2	4	3	5	8	6	9
5	6	4	1	8	9	3	2	7
9	5	3	2	6	7	1	4	8
4	8	1	9	5	3	2	7	6
7	2	6	8	1	4	5	9	3
2	1	5	6	9	8	7	3	4
8	4	9	3	7	2	6	5	1
6	3	7	5	4	1	9	8	2

Answer 70

4	2	9	3	6	5	7	8	1
5	8	1	4	7	2	9	6	3
3	6	7	1	8	9	2	4	5
2	5	3	9	1	6	4	7	8
7	9	6	5	4	8	3	1	2
1	4	8	7	2	3	5	9	6
6	7	5	2	9	1	8	3	4
9	1	2	8	3	4	6	5	7
8	3	4	6	5	7	1	2	9

Answer 71

5	3	6	2	7	1	4	9	8
9	7	2	8	4	6	1	5	3
8	1	4	3	5	9	6	2	7
2	5	3	9	6	8	7	1	4
7	6	1	5	2	4	8	3	9
4	8	9	7	1	3	5	6	2
6	2	7	4	9	5	3	8	1
3	4	5	1	8	2	9	7	6
1	9	8	6	3	7	2	4	5

Answer 72

6	4	9	7	2	3	8	5	1
7	1	3	4	8	5	2	9	6
5	2	8	9	1	6	7	3	4
1	9	5	2	7	4	6	8	3
8	6	4	3	5	1	9	2	7
2	3	7	8	6	9	1	4	5
3	8	6	1	4	2	5	7	9
9	7	1	5	3	8	4	6	2
4	5	2	6	9	7	3	1	8

Answer 73

1	6	5	3	8	7	2	9	4
7	2	3	4	9	1	8	6	5
9	8	4	2	5	6	3	7	1
2	9	6	8	1	4	5	3	7
3	5	8	9	7	2	1	4	6
4	7	1	5	6	3	9	2	8
6	3	2	1	4	8	7	5	9
5	1	7	6	3	9	4	8	2
8	4	9	7	2	5	6	1	3

Answer 74

2	6	4	9	5	3	8	1	7
5	1	7	8	4	6	3	9	2
8	9	3	7	2	1	6	5	4
3	8	1	5	6	7	4	2	9
7	4	9	1	8	2	5	3	6
6	5	2	3	9	4	7	8	1
4	7	8	2	1	5	9	6	3
9	2	6	4	3	8	1	7	5
1	3	5	6	7	9	2	4	8

Answer 75

5	3	4	7	8	9	6	2	1
6	7	9	1	3	2	5	8	4
1	8	2	6	5	4	9	3	7
9	1	8	4	2	6	7	5	3
7	6	5	3	9	8	4	1	2
2	4	3	5	7	1	8	9	6
4	5	7	9	1	3	2	6	8
3	2	6	8	4	5	1	7	9
8	9	1	2	6	7	3	4	5

Answer 76

7	3	6	8	2	5	9	4	1
2	4	5	1	6	9	3	7	8
8	1	9	7	4	3	5	6	2
9	2	4	3	7	1	6	8	5
6	7	3	5	8	2	1	9	4
5	8	1	6	9	4	7	2	3
1	6	7	2	3	8	4	5	9
3	9	8	4	5	7	2	1	6
4	5	2	9	1	6	8	3	7

Answer 77

7	5	2	4	8	6	3	9	1
3	6	9	5	1	7	8	2	4
1	4	8	9	2	3	7	5	6
9	3	4	6	7	2	5	1	8
5	2	7	8	9	1	4	6	3
8	1	6	3	5	4	9	7	2
2	8	1	7	3	5	6	4	9
6	7	3	2	4	9	1	8	5
4	9	5	1	6	8	2	3	7

Answer 78

6	8	9	1	5	4	3	2	7
5	7	2	3	8	6	9	1	4
1	3	4	7	9	2	6	8	5
3	2	6	9	4	5	1	7	8
9	1	5	2	7	8	4	6	3
8	4	7	6	1	3	5	9	2
7	5	3	8	6	9	2	4	1
4	9	8	5	2	1	7	3	6
2	6	1	4	3	7	8	5	9

Answer 79

9	5	3	7	6	2	1	4	8
1	6	2	5	4	8	3	9	7
7	8	4	9	3	1	2	5	6
8	9	6	3	5	4	7	2	1
5	2	1	8	7	6	4	3	9
4	3	7	1	2	9	6	8	5
2	7	9	4	1	5	8	6	3
3	4	5	6	8	7	9	1	2
6	1	8	2	9	3	5	7	4

Answer 80

6	4	2	5	7	1	9	8	3
9	1	3	8	2	6	7	4	5
7	8	5	3	4	9	1	2	6
4	7	1	9	6	8	5	3	2
3	9	6	2	5	7	4	1	8
2	5	8	1	3	4	6	9	7
1	2	7	6	9	3	8	5	4
8	3	4	7	1	5	2	6	9
5	6	9	4	8	2	3	7	1

Answer 81

5	3	4	2	8	9	7	6	1
1	7	2	6	3	4	5	9	8
8	6	9	7	1	5	2	3	4
3	2	7	1	9	6	8	4	5
4	5	8	3	2	7	9	1	6
6	9	1	4	5	8	3	7	2
2	8	6	9	4	3	1	5	7
7	1	3	5	6	2	4	8	9
9	4	5	8	7	1	6	2	3

Answer 82

3	2	1	5	7	8	9	6	4
9	4	8	3	2	6	1	5	7
6	5	7	1	4	9	3	2	8
5	7	4	8	9	2	6	1	3
8	1	6	4	5	3	7	9	2
2	9	3	7	6	1	8	4	5
7	8	2	6	1	5	4	3	9
4	6	5	9	3	7	2	8	1
1	3	9	2	8	4	5	7	6

Answer 83

2	4	1	9	6	3	8	7	5
7	9	6	4	5	8	1	3	2
8	5	3	7	1	2	4	9	6
1	7	8	5	9	4	2	6	3
3	6	4	1	2	7	9	5	8
9	2	5	8	3	6	7	1	4
6	1	9	2	4	5	3	8	7
5	8	2	3	7	1	6	4	9
4	3	7	6	8	9	5	2	1

Answer 84

8	4	3	5	6	9	7	2	1
7	2	5	8	4	1	9	3	6
9	6	1	7	2	3	4	5	8
5	3	2	9	1	4	8	6	7
1	8	6	3	7	2	5	4	9
4	9	7	6	8	5	2	1	3
3	1	4	2	9	8	6	7	5
2	7	9	1	5	6	3	8	4
6	5	8	4	3	7	1	9	2

Answer 85

7	8	5	3	9	1	2	6	4
2	4	3	8	6	5	1	7	9
1	9	6	7	4	2	3	5	8
5	6	1	9	2	3	8	4	7
4	7	2	5	8	6	9	1	3
9	3	8	4	1	7	6	2	5
6	5	7	1	3	9	4	8	2
8	2	9	6	7	4	5	3	1
3	1	4	2	5	8	7	9	6

Answer 86

5	7	6	3	2	8	9	1	4
1	2	3	9	5	4	7	6	8
8	9	4	7	1	6	2	3	5
7	3	1	5	8	2	6	4	9
9	6	2	1	4	3	5	8	7
4	5	8	6	7	9	1	2	3
6	1	9	4	3	5	8	7	2
2	4	5	8	6	7	3	9	1
3	8	7	2	9	1	4	5	6

Answer 87

7	4	5	9	6	8	1	2	3
1	3	2	7	5	4	9	8	6
8	6	9	1	2	3	4	5	7
4	2	1	3	8	7	5	6	9
6	8	3	5	9	1	2	7	4
9	5	7	2	4	6	3	1	8
2	1	8	6	3	9	7	4	5
3	7	4	8	1	5	6	9	2
5	9	6	4	7	2	8	3	1

Answer 88

4	1	2	8	5	7	3	6	9
9	5	7	3	2	6	1	4	8
6	3	8	9	1	4	2	7	5
3	2	9	7	8	1	6	5	4
7	6	4	5	9	2	8	1	3
1	8	5	6	4	3	7	9	2
5	9	1	2	7	8	4	3	6
2	4	6	1	3	9	5	8	7
8	7	3	4	6	5	9	2	1

Answer 89

1	9	4	5	8	6	3	7	2
7	2	6	1	3	4	9	5	8
5	3	8	9	7	2	4	6	1
3	4	1	8	2	7	5	9	6
2	5	7	3	6	9	8	1	4
8	6	9	4	1	5	2	3	7
9	1	2	6	4	3	7	8	5
6	7	5	2	9	8	1	4	3
4	8	3	7	5	1	6	2	9

Answer 90

1	9	7	8	4	5	3	6	2
8	2	6	9	3	7	5	1	4
3	4	5	2	1	6	8	9	7
4	5	2	6	8	3	9	7	1
9	8	1	7	2	4	6	3	5
7	6	3	5	9	1	4	2	8
5	3	4	1	7	9	2	8	6
6	7	8	3	5	2	1	4	9
2	1	9	4	6	8	7	5	3

Answer 91

2	5	3	7	4	1	6	8	9
8	4	7	2	6	9	3	1	5
6	1	9	8	5	3	7	4	2
1	3	8	4	7	2	5	9	6
7	9	5	3	8	6	4	2	1
4	2	6	1	9	5	8	3	7
3	7	1	5	2	4	9	6	8
9	8	2	6	3	7	1	5	4
5	6	4	9	1	8	2	7	3

Answer 92

6	9	7	3	5	8	2	4	1
4	5	1	6	2	7	9	8	3
8	2	3	1	9	4	6	5	7
1	6	9	2	8	5	7	3	4
2	7	5	4	3	1	8	6	9
3	8	4	7	6	9	1	2	5
7	1	2	8	4	3	5	9	6
9	3	6	5	1	2	4	7	8
5	4	8	9	7	6	3	1	2

Answer 93

1	9	2	5	4	8	7	3	6
8	5	4	3	7	6	9	2	1
6	7	3	9	2	1	8	4	5
9	2	7	8	6	4	5	1	3
4	3	8	1	5	2	6	7	9
5	6	1	7	9	3	4	8	2
2	8	5	6	3	7	1	9	4
3	1	9	4	8	5	2	6	7
7	4	6	2	1	9	3	5	8

Answer 94

7	3	4	5	6	8	1	9	2
8	9	1	2	7	4	3	5	6
5	6	2	3	1	9	4	7	8
6	1	3	9	2	5	8	4	7
2	5	7	4	8	1	6	3	9
9	4	8	6	3	7	5	2	1
3	7	9	8	4	6	2	1	5
1	2	6	7	5	3	9	8	4
4	8	5	1	9	2	7	6	3

Answer 95

4	1	2	8	6	9	3	7	5
5	8	3	7	4	1	9	2	6
9	7	6	5	2	3	1	8	4
1	5	7	9	8	4	2	6	3
3	4	9	6	5	2	7	1	8
2	6	8	1	3	7	4	5	9
8	2	4	3	7	6	5	9	1
6	3	1	2	9	5	8	4	7
7	9	5	4	1	8	6	3	2

Answer 96

5	2	8	1	3	9	7	4	6
6	7	4	2	5	8	3	1	9
3	9	1	6	4	7	5	2	8
2	4	5	9	8	3	6	7	1
7	1	3	4	2	6	9	8	5
8	6	9	7	1	5	4	3	2
1	3	2	5	9	4	8	6	7
4	5	7	8	6	1	2	9	3
9	8	6	3	7	2	1	5	4

Answer 97

3	4	9	8	7	6	1	2	5
7	2	6	5	9	1	8	3	4
8	5	1	2	3	4	7	9	6
4	8	2	6	5	3	9	1	7
6	1	7	9	8	2	4	5	3
9	3	5	1	4	7	2	6	8
2	6	3	4	1	8	5	7	9
1	9	8	7	6	5	3	4	2
5	7	4	3	2	9	6	8	1

Answer 98

2	7	6	1	3	8	4	9	5
1	5	8	9	4	6	3	7	2
3	4	9	7	2	5	6	8	1
9	8	4	2	5	3	7	1	6
6	2	1	4	8	7	9	5	3
7	3	5	6	1	9	8	2	4
8	1	2	3	7	4	5	6	9
4	9	7	5	6	1	2	3	8
5	6	3	8	9	2	1	4	7

Answer 99

5	7	9	4	1	8	6	3	2
4	8	2	6	3	5	1	9	7
1	6	3	7	2	9	8	5	4
6	5	4	8	9	1	2	7	3
7	2	1	5	4	3	9	6	8
9	3	8	2	7	6	5	4	1
3	9	5	1	8	7	4	2	6
2	1	6	3	5	4	7	8	9
8	4	7	9	6	2	3	1	5

Answer 100

8	1	3	2	6	7	4	9	5
9	7	4	5	8	1	2	6	3
5	6	2	3	4	9	7	8	1
7	5	9	4	1	3	6	2	8
2	3	1	6	7	8	5	4	9
6	4	8	9	5	2	3	1	7
4	8	5	1	3	6	9	7	2
1	9	6	7	2	5	8	3	4
3	2	7	8	9	4	1	5	6

Answer 101

7	8	1	9	3	6	5	4	2
9	4	3	2	5	1	6	7	8
6	5	2	4	7	8	3	1	9
2	7	4	5	6	9	8	3	1
3	6	5	1	8	2	4	9	7
8	1	9	3	4	7	2	6	5
5	9	8	6	1	4	7	2	3
1	3	6	7	2	5	9	8	4
4	2	7	8	9	3	1	5	6

Answer 102

1	5	6	4	7	9	3	2	8
4	2	8	1	6	3	5	9	7
7	9	3	2	5	8	6	1	4
2	8	1	3	4	6	7	5	9
5	6	9	7	2	1	4	8	3
3	7	4	9	8	5	2	6	1
9	3	7	5	1	2	8	4	6
8	1	2	6	3	4	9	7	5
6	4	5	8	9	7	1	3	2

Answer 103

7	5	8	1	6	3	4	2	9
4	2	3	5	9	8	7	1	6
9	6	1	4	2	7	8	3	5
3	7	6	8	5	2	9	4	1
2	1	5	3	4	9	6	7	8
8	9	4	6	7	1	2	5	3
5	4	2	9	1	6	3	8	7
6	3	7	2	8	5	1	9	4
1	8	9	7	3	4	5	6	2

Answer 104

5	4	2	1	8	3	6	7	9
7	1	9	2	6	4	3	8	5
8	6	3	7	5	9	4	1	2
2	7	8	9	3	6	1	5	4
6	3	5	4	1	7	9	2	8
1	9	4	8	2	5	7	3	6
4	8	6	5	7	1	2	9	3
3	2	1	6	9	8	5	4	7
9	5	7	3	4	2	8	6	1

Answer 105

2	9	7	6	1	5	4	8	3
8	1	6	9	4	3	2	7	5
5	4	3	7	8	2	1	6	9
9	7	1	5	2	6	3	4	8
3	8	5	4	9	1	7	2	6
6	2	4	8	3	7	5	9	1
4	6	2	1	5	8	9	3	7
1	3	8	2	7	9	6	5	4
7	5	9	3	6	4	8	1	2

Answer 106

7	3	1	5	2	8	6	4	9
5	6	2	3	4	9	1	8	7
8	4	9	6	7	1	3	5	2
2	1	8	4	9	5	7	3	6
4	5	7	1	6	3	2	9	8
3	9	6	2	8	7	4	1	5
6	2	5	9	3	4	8	7	1
1	8	3	7	5	6	9	2	4
9	7	4	8	1	2	5	6	3

7	3	4	2	6	9	1	5	8
6	5	2	1	8	3	7	9	4
9	1	8	7	5	4	2	3	6
5	7	6	4	3	8	9	2	1
1	2	3	6	9	7	4	8	5
8	4	9	5	2	1	3	6	7
4	6	5	3	1	2	8	7	9
3	9	1	8	7	6	5	4	2
2	8	7	9	4	5	6	1	3

6	4	9	7	8	1	2	3	5
1	7	2	5	4	3	9	6	8
5	8	3	9	2	6	4	1	7
9	1	8	3	5	2	7	4	6
2	5	6	4	1	7	3	8	9
4	3	7	8	6	9	1	5	2
8	2	1	6	9	4	5	7	3
3	6	4	2	7	5	8	9	1
7	9	5	1	3	8	6	2	4

Answer 109

7	5	2	1	9	8	4	6	3
8	6	1	7	3	4	2	5	9
4	3	9	2	6	5	8	7	1
9	7	5	3	1	2	6	8	4
6	4	3	8	7	9	5	1	2
2	1	8	5	4	6	9	3	7
5	2	7	9	8	1	3	4	6
1	8	6	4	2	3	7	9	5
3	9	4	6	5	7	1	2	8

Answer 110

7	4	2	9	8	1	5	3	6
8	1	5	3	4	6	7	9	2
3	6	9	2	5	7	4	8	1
6	5	3	4	1	9	2	7	8
1	2	7	8	6	5	9	4	3
9	8	4	7	3	2	1	6	5
2	3	6	5	9	4	8	1	7
5	9	8	1	7	3	6	2	4
4	7	1	6	2	8	3	5	9

Answer 111

5	6	8	2	4	7	3	1	9
1	2	4	3	9	8	6	5	7
3	9	7	5	6	1	2	4	8
2	8	5	7	3	6	4	9	1
9	1	6	4	8	2	5	7	3
4	7	3	1	5	9	8	6	2
7	5	9	6	2	3	1	8	4
6	3	1	8	7	4	9	2	5
8	4	2	9	1	5	7	3	6

SUDOKU
8
6
4
9
1

초판 1쇄 인쇄 2008년 4월 10일
초판 4쇄 발행 2009년 7월 13일

편 저 | 니콜리
펴낸이 | 양봉숙
편 집 | 김윤희
디자인 | 김선희
마케팅 | 이주철

펴낸곳 | 예스북
출판등록 | 2005년 3월 21일 제320-2005-25호
주소 | 서울시 마포구 노고산동 57-46 아이스페이스 1107호
전화 | (02) 337-3053
팩스 | (02) 337-3054
E-mail | yesbooks@naver.com
홈페이지 | www.e-yesbook.co.kr

ISBN 978-89-92197-29-8 14410
ISBN 978-89-92197-28-1 (세트)

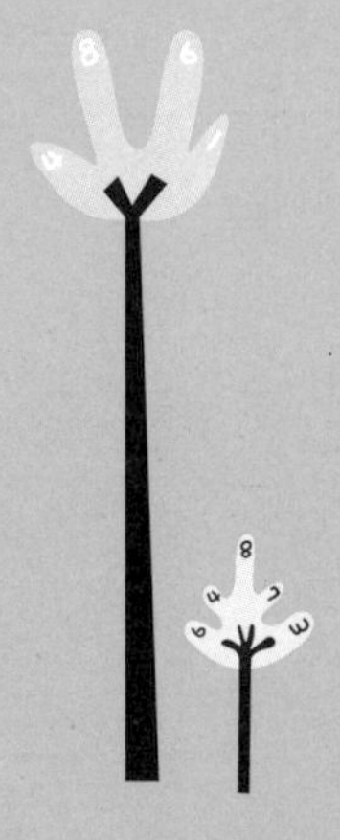